U0231988

优秀技术工人
百工百法丛书

许琳
工作法

差别化
细纱纺织

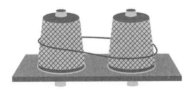

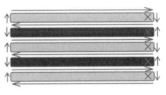

中华全国总工会 组织编写

许 琳 著

中国工人出版社

技术工人队伍是支撑中国制造、中国创造的重要力量。我国工人阶级和广大劳动群众要大力弘扬劳模精神、劳动精神、工匠精神，适应当今世界科技革命和产业变革的需要，勤学苦练、深入钻研，勇于创新、敢为人先，不断提高技术技能水平，为推动高质量发展、实施制造强国战略、全面建设社会主义现代化国家贡献智慧和力量。

——习近平致首届大国工匠
创新交流大会的贺信

优秀技术工人百工百法丛书

编委会

编委会主任：徐留平

编委会副主任：马　璐　潘　健

编委会成员：王晓峰　程先东　王　铎

　　　　　　康华平　高　洁　李庆忠

　　　　　　蔡毅德　陈杰平　秦少相

　　　　　　刘小昶　李忠运　董　宽

优秀技术工人百工百法丛书
财贸轻纺烟草卷
编委会

序

　　党的二十大擘画了全面建设社会主义现代化国家、全面推进中华民族伟大复兴的宏伟蓝图。要把宏伟蓝图变成美好现实，根本上要靠包括工人阶级在内的全体人民的劳动、创造、奉献，高质量发展更离不开一支高素质的技术工人队伍。

　　党中央高度重视弘扬工匠精神和培养大国工匠。习近平总书记专门致信祝贺首届大国工匠创新交流大会，特别强调"技术工人队伍是支撑中国制造、中国创造的重要力量"，要求工人阶级和广大劳动群众要"适应当今世界科技革命和产业变革的需要，勤学苦练、深入钻研，勇于创新、敢为人先，不断提高技术技能水平"。这些亲切关怀和殷殷厚望，激励鼓舞着亿万职工群众弘扬劳模精神、劳动精神、工匠精神，奋进新征程、建功新时代。

近年来，全国各级工会认真学习贯彻习近平总书记关于工人阶级和工会工作的重要论述，特别是关于产业工人队伍建设改革的重要指示和致首届大国工匠创新交流大会贺信的精神，进一步加大工匠技能人才的培养选树力度，叫响做实大国工匠品牌，不断提高广大职工的技术技能水平。以大国工匠为代表的一大批杰出技术工人，聚焦重大战略、重大工程、重大项目、重点产业，通过生产实践和技术创新活动，总结出先进的技能技法，产生了巨大的经济效益和社会效益。

深化群众性技术创新活动，开展先进操作

法总结、命名和推广，是《新时期产业工人队伍建设改革方案》的主要举措。为落实全国总工会党组书记处的指示和要求，中国工人出版社和各全国产业工会、地方工会合作，精心推出"优秀技术工人百工百法丛书"，在全国范围内总结 100 种以工匠命名的解决生产一线现场问题的先进工作法，同时运用现代信息技术手段，同步生产视频课程、线上题库、工匠专区、元宇宙工匠创新工作室等数字知识产品。这是尊重技术工人首创精神的重要体现，是工会提高职工技能素质和创新能力的有力做法，必将带动各级工会先进操作法总结、命名和推广工作形成热潮。

此次入选"优秀技术工人百工百法丛书"作者群体的工匠人才，都是全国各行各业的杰出技术工人代表。他们总结自己的技能、技法和创新方法，著书立说、宣传推广，能让更多人看到技术工人创造的经济社会价值，带动更多产业工人积极提高自身技术技能水平，更好地助力高质量发展。中小微企业对工匠人才的孵化培育能力要弱于大型企业，对技术技能的渴求更为迫切。优秀技术工人工作法的出版，以及相关数字衍生知识服务产品的推广，将对中小微企业的技术进步与快速发展起到推动作用。

当前，产业转型正日趋加快，广大职工对于技术技能水平提升的需求日益迫切。为职工群众创造更多学习最新技术技能的机会和条件，传播普及高效解决生产一线现场问题的工法、技法和创新方法，充分发挥工匠人才的"传帮带"作用，工会组织责无旁贷。希望各地工会能够总结、命名和推广更多大国工匠和优秀技术工人的先进工作法，培养更多适应经济结构优化和产业转型升级需求的高技能人才，为加

快建设一支知识型、技术型、创新型劳动者大
军发挥重要作用。

中华全国总工会兼职副主席、大国工匠

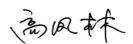

作者简介
About The
Author

许 琳

1977 年出生，钳工一级，青纺联（枣庄）纤维科技有限公司细纱车间值车工。自 2008 年参加工作以来，许琳立足本职、工作严谨，从一名普通工人成长为一名技术骨干，2016 年 10 月当选"郝建秀小组"第十任生产组长，2024 年 2 月当选二分厂细纱车间工会分会主席。作为"火车头"的带头人，许琳积极配合车间，在新品种试纺方面作出了积极贡献。在技术练兵中,许琳以身作则,带领小组成员坚持"一天四练兵"活动,小组的操作技术始终保持优一级。

许琳十年如一日默默奉献、刻苦钻研,成为纺织一线的技术能手,先后被授予"枣庄市劳动模范""山东省轻纺工会五一劳动奖章""枣庄市五一劳动奖章""枣庄市创新能手""全国纺织行业创新班组(团队)带头人""山东省劳动模范""中国纺织大工匠""山东省十佳五一巾帼标兵"等荣誉称号。

2016年,许琳与技术部门一起制定并在全公司推广的节约用电方案,为公司每年节约用电275万度,荣获中国纺织工业联合会授予的"卓越能效奖";参与开发新品种十余个,其中7个在山东省立项,被中国纺织工业联合会授予"产品开发贡献奖"。

热爱、执着、坚守,

以匠人之心,追求卓越品质

许琳

目　　录
Contents

引　言   01

第一讲　差别化细纱工作法概述   03
   一、细纱工作法简介   05
   二、细纱机的主要机构   06

第二讲　差别化细纱巡回   11
   一、巡回起止点与巡回时间   14
   二、问题描述   15
   三、解决方法   16

第三讲　差别化细纱清洁   19
   一、问题描述   21
   二、解决方法   21
   三、清洁方法与使用工具   23
   四、运行效果   27

第四讲　差别化细纱落纱　　　　　　29

　　一、问题描述　　　　　　31

　　二、解决办法　　　　　　31

　　三、运行效果　　　　　　45

第五讲　质量管控　　　　　　47

　　一、问题描述　　　　　　49

　　二、解决办法　　　　　　49

　　三、常见疵品的成因、影响与预防　　　　　　60

　　四、实施效果　　　　　　66

第六讲　特色品种操作要求　　　　　　69

　　一、醋酸品种　　　　　　71

　　二、AB 纱　　　　　　74

　　三、亚麻品种　　　　　　75

后　记　　　　　　78

引　言
Introduction

党的二十大报告指出，"高质量发展是全面建设社会主义现代化国家的首要任务"，当前是我国从"制造大国"到"制造强国"迈进的关键时期，亦是从"纺织大国"到"纺织强国"转变的攻坚时期。

随着社会经济水平的提高，消费者对纺织产品不再仅停留在传统的棉结低、条干好、粗细节少的要求上，而是更加追求时尚，讲究功能性和个性化。立足差别化纺织品创意生产，在"郝建秀小组劳模创新工作室"创新成果的基础上，"许琳式差别化细纱工作法"应运而生。笔者带领组员围绕新工艺要求，探索新品种特点和规律，研究出适应新品种的操作方法和技术要领，成功克服了一系列工艺难度大、质量要求高的难题。"许琳式差别化细纱工作法"在企业差别化纺织品生产过程中发挥了重要作用，大大提高了生产效率和员工工作积极性，为企业创造了显著效益。

第一讲

差别化细纱工作法概述

　　细纱出产量和细纱机台的数量，决定企业的规模；细纱机产量的高低，决定企业的生产水平；细纱质量的好坏，决定成纱的质量；细纱工序的消耗量，决定纺纱的成本；细纱千锭断头率的高低，则是企业考核的重要标准。综上所述，细纱工序在整个纺纱过程中举足轻重，因而一套科学合理的细纱工作法就显得格外重要。

一、细纱工作法简介

　　细纱工序的主要任务是将粗纱或条子经过牵伸、加捻、卷绕成形，纺成一定号数并满足工序要求和符合质量要求的细纱，供捻线、机织或针织用。

　　传统的细纱工作法主要分为值车和落纱两部分。值车的主要内容为接头、换粗纱、预防断头，按看台定额使用好设备、做好机台及机台周围的清洁工作，做好质量把关；落纱的主要内容则为落纱、生头、清洁、防捉纱疵、减少断头、少出皮辊花、提高落纱产量。

二、细纱机的主要机构

细纱机的主要机构包括喂入机构、牵伸机构、加捻与卷绕机构、成形机构四个部分。

1. 喂入机构

喂入机构的主要作用是支撑粗纱，将粗纱顺利地喂入牵伸机构，并减少粗纱意外牵伸。喂入机构由粗纱架、导纱杆、横动装置组成。粗纱架主要用于吊装粗纱（FA506、FA507等）；导纱杆主要用于引导粗纱喂入导纱喇叭口，使粗纱在退解时减少张力，避免粗纱意外牵伸和断头；横动装置则主要用于延长皮辊皮圈的使用寿命，提高成纱质量。

2. 牵伸机构

细纱机的牵伸机构一般包括上下罗拉、皮辊

皮圈、皮圈架、皮圈销子和集合器等。其牵伸装置主要由三对罗拉组成，分别为前罗拉、中罗拉、后罗拉。前罗拉构成前牵伸区，中罗拉和后罗拉构成后牵伸区。由于各对罗拉线速度不同，因而要将喂入的粗纱逐渐拉长、拉细到所规定的细度，同时使纤维伸直平行。细纱机牵伸装置类型有两种：一种分为普通牵伸、大牵伸和超大牵伸；另一种分为双皮圈式牵伸（双短皮圈和长短双皮圈 –FA 系列）、单皮圈式牵伸。

3.加捻与卷绕机构

加捻与卷绕机构的主要作用是让从前罗拉吐出的须条获得一定的捻度，并经过导纱钩，钢丝圈绕到紧套在锭子上的筒管上。加捻与卷绕机构由导纱钩、隔纱板、叶子板、清洁器、钢领、钢丝圈、锭子、筒管等组成。导纱钩的作用是引导纱条至锭子轴线位置以便加捻卷绕，前侧伸出一段的主要目的是防止断头的细纱飞扬打断邻纱，保证成纱质量。隔纱板的作用是将相邻的气圈隔开，以减少细纱断头。叶子板的作用是安装导纱钩，可调节进出，使导纱眼对准锭子中心，保证气圈正，减少细纱断头。清洁器的作用是借钢丝圈高速回转的气流与其产生的阻力，将黏附在钢丝圈上的飞花清除。钢领的作用是支撑钢丝圈（现行的细纱机使用的是平面或锥面钢领）。钢丝圈的作用是引导纱条在钢领上做圆周运动，并将纱条加上适当的捻度；钢丝圈应符合耐磨、耐热且散热快、重心低、回转稳定、纱条通道宽畅等要求。锭子是细纱机加捻卷绕的主要部件，由锭杆、锭盘、锭胆和锭脚等组成。随着锭速的提高，锭子由平面轴承的旧式顶子逐渐发展成锭胆为滚柱轴承、分离式弹性支撑的高速锭子。关于筒管的作用，由老式设备的滚筒改为滚盘传动，能适当高速，维修方便，节约用电。

4. 成形机构

卷绕过程中，要求卷绕尽可能多的细纱，张力适当且稳定，不增加断头，成形结实，便于搬运，层次分明，易于退绕。细纱卷装一般采用短动程式卷绕，卷成圆柱、圆锥式管纱。

每种纤维都有各自的生产难点。例如：细旦粘胶100s的生产难点为罗拉扭振，钢丝圈飞圈严重，需优选钢丝圈型号及减小细纱后区牵伸倍数；兰精天丝品种需解决的重点为网格圈处须条抖动显著及罗拉扭振；超细旦涤纶纯纺紧赛100s的钢领、钢丝圈选配尤为重要，否则就会产生挂花、大纱断头多等问题；高比例桑蚕丝100s的质量难点更多，网格圈嵌花、须条抖动、负压下降快、负压箱糊网严重、胶辊粘屑多等都需要妥善解决，否则生产根本无法进行。当生产这些产品时，不仅要解决这些难点，还要面临机台翻改频次高、品种变更频繁的问题，故而需要差别化的工作方法。

顾名思义，差别化工作法就是在传统工作法的基础上，针对不同的品种特性，采用不同的、有针对性的方法操作。而"许琳式差别化细纱工作法"主要体现在差别化巡回、差别化清洁、差别化落纱、质量管控差别化、特色品种差别化工作要求等方面。

第二讲

差别化细纱巡回

　　差别化细纱巡回工作会根据不同的看台数而采用不同的巡回路线。看管五个车台及以下的,采用逐台看管的巡回路线(见图1);看管五个车台以上的,则采用跳台看管的巡回路线(见图2)。

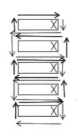

图1　看管五台及以下的挨弄巡回路线

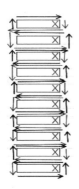

图2　看管五台以上的跳弄巡回路线

一、巡回起止点与巡回时间

巡回起止点有以下两种：一种是起止点相同，在同一机台的车头或者车尾，起点也是终点；另一种是起止点分别在同一机台的车头与车尾。巡回中一般不后退，除非遇到紧急情况。

巡回方法一般要做到以下"五看"。

一是进车道全面看。打擦板时，以擦板为指针从近到远，先看断头，后看粗纱使用情况。

二是进车道分段看。先右后左，便于看清粗纱疵点和漏头。

三是换粗纱、接头、做清洁工作时周围看。注意周围断头和粗纱疵点。

四是出车道回头看。回头看清断头和粗纱调换及紧急情况。

五是跨车道侧面看。目光从远到近看清各车道的断头、粗纱调换情况，车头车尾40锭内有断头和应换的粗纱可机动处理。

巡回时间如表 1 所示。

表 1　巡回时间

看台数 （420锭）	按弄看管 时间 （min）	按台看管 时间 （min）	看台数 （420锭）	按弄看管 时间 （min）	按台看管 时间 （min）
4.0	6.5	6.0	7.5	10.0	10.0
4.5	6.5	6.0	8.0	10.0	10.5
5.0	7.0	7.5	8.5	10.5	10.0
5.5	7.0	8.0	9.0	10.5	11.0
6.0	8.0	8.0	9.5	11.0	11.0
6.5	9.0	9.0	10.0	11.0	12.0
7.0	9.0	10.0	10.5	12.0	12.0

注：如遇锭数过多，机台巡回时间可适当增加

二、问题描述

在巡回过程中，不可避免地会遇到一些断头现象，其中不乏一些疑难接头类问题，比如纱条过紧、空锭时间长、将近满纱时钢丝圈飞掉等。

如何科学有效地处理这些问题，是关乎细纱产量质量的关键。

三、解决方法

1. 掌握"三先三后"的接头方法

（1）先易后难：应先接头后换纱；先接容易接的头，后处理难接而又不会开花的头。

（2）先紧急后一般：应先处理影响质量和造成断头的头，后接一般的断头；断头多时，复头可放到下次巡回处理，以掌握均匀的巡回时间；出现空粗纱和断头时，应先接断头，后换粗纱。

（3）先左后右：相邻几只锭子同时断头，应先接右边的断头，后接左边的断头。

2. 针对疑难情况的几种接头方法

（1）当提起纱条过紧时，先绕好导纱钩再插管接头；钢领发涩时，可用蜡或工业甘油处理。

（2）空锭时间稍长而又接不上的断头，可调换一只邻纱接上。

（3）满纱时，个别头难接，可在钢领板下降时接头，或采用不拔管接头。

（4）发现钢丝圈飞掉时，可先拔管引纱，再套钢丝圈连纱一起挂上。

第三讲

差别化细纱清洁

一、问题描述

由于品种差别化特点显著，细纱扩台、翻台频率高，加之细纱工作需要清洁的地方较多，因而对清洁工作的要求较高。不同品种的清洁要求不一样，应加强清洁与巡回的结合，着重关注要求高的品种，这是高效清洁工作的关键。

二、解决方法

差别化清洁工作应采取"六做""六不落地""五定""四分清""四要求"的方法。

1. 六做

"勤做、轻做、少做"为一做，"彻底做"为一做。

分段做：如皮辊皮圈、罗拉颈、车面等方面的清洁工作，可以分配在几个巡回内做，分段完成。

随时做：利用点滴时间随时做。在巡回过程

中，随时清洁罗拉颈及笛管两头、车面板、叶子板的飞花，随时检查上绒辊的灵活转动情况。

双手做：要双手使用工具进行清洁，如擦摇架、捻皮辊等。

交叉结合做：在同一时间内，两手同时交叉进行几项工作，如扫吸棉管的同时可打擦板。

2. 六不落地

即白花、回丝、粗纱头、成团飞花、管、纱不落地。

3. 五定

定内容：根据各厂具体情况，制订挡车工清洁项目。

定次数：根据不同号数、不同机型、不同环境条件，制订清洁次数和进度。

定工作：选定的工具既要不影响质量，又要使用方便。

定方法：以不同形式的工具，采用捻、擦、

刷、拿、拉等五种方法。

定工具：根据工具形式、清洁内容、清洁程度，决定清洁工具的清洁次数，以防止工具上的飞花附入纱条。

4. 四分清

即白花、油花、粗纱头、回丝等四种东西要分清。

5. 四要求

一是要求做清洁工作时，不能造成人为疵点和断头。二是要求清洁工具经常保持清洁、定位放置。三是要求注意节约，做到"六不落地""四分清"。四是要求备用粗纱、空管整齐，周围环境整洁。

三、清洁方法与使用工具

1. 采用擦的方法

摇架：用两只绒拍，双手擦清，或用一只绒

拍和一只小菊花扦，一只手擦，另一只手捻。

钢领板：用海绵或绒拍，利用大拇指或者食指侧面，其余三指握成拳式形状擦钢领板。

叶子板：擦板要轻打，随时拿下擦板下面的飞花。

2.采用捻的方法

车面、罗拉座：用40cm长拈杆（花衣头占5cm）拈车面，操作时右手拿拈杆从笛管中间伸进，左手在前，右手在后，从左到右，由外到里，花衣要卷得紧，然后用左手挡住纱条，右手抽出拈杆。

皮辊皮圈：用电动捻杆或竹扦由上到下，由里到外捻干净，勤拿针头飞花，防止针头花衣夹入牵伸部件。

罗拉颈、罗拉颈沟槽：用电动捻杆或者竹扦捻取罗拉颈沟槽，用竹扦捻取罗拉颈，勤拿针头飞花。

3. 采用刷的方法

用一字刷运用手腕力量由下而上刷清笛管，要求毛刷上不碰绒辊，下不碰叶子板。

4. 采用拿的方法

牵伸区积花、擦板下积花、叶子板积花、车肚积花、摇架挂花等及时拿清（擦净油手）。

清洁工作的内容、数量及工作量折算如表2所示。

表2　清洁工作的内容、数量及工作量折算

清洁工作内容	清洁说明	工作量单位	折合工作量（个）	数量
扫地		弄	2	一遍
吸棉笛管		面	3	一遍
打擦板	三角铁	面	1	一遍
皮辊皮圈	简单	8锭	1	一面
	复杂		2	
查压力棒	简单	面	4	一面
	复杂		8	
卷车面	简单	面	5	一面
	复杂		10	

清洁工作内容	清洁说明	工作量单位	折合工作量（个）	数量
网格圈积花	简单	台	4	值车工（机动）
	复杂		6	
摇架	简单	面	3	一面
	复杂		6	
罗拉颈	简单	面	5	一面
	复杂		10	
导纱杆		面	2	一面
擦钢领板		面	1	一遍

清洁工作简单与复杂的说明：

A. 扫地：所看管机台弄档。

B. 吸棉笛管：清洁吸棉笛管，毛刷必须扫着笛管。

C. 打擦板：自动的，不计工作量。

D. 皮辊、皮圈：皮辊、皮圈上中下全捻算复杂，只捻中下按简单计算。

E. 集合器：简单——不拿上绒辊检查；复杂——拿上绒辊检查。

F. 卷车面：车面是指叶子板与车肚之间的地方，简单——做罗拉座或者车面板；复杂——罗拉座、车面板都做。

G. 喇叭口：视线平直可查的机台（包括用镜子或从反面可检查的）。

H. 罗拉座、罗拉颈：简单——只做罗拉座两边或罗拉颈；复杂——罗拉座两边与罗拉颈都做。

I. 导纱杆：清洁导纱杆应包括洋元（用工具）。

J. 擦钢领板：用工具清洁。

四、运行效果

差别化清洁方法使得清洁工作可以系统地、有针对性地进行，并与巡回工作相结合，使得工作效率整体提升 20%。

第四讲

差别化细纱落纱

一、问题描述

细纱落纱工的主要任务是落纱、生头，做清洁、防捉纱疵。缩短停台时间、减少断头、少出皮辊花，是提高落纱产量与质量的关键点。如何在落纱过程中针对不同品种，同时保证纱线的质量与产量呢？

二、解决办法

1. 做好交接班工作

交清共同使用的工具。讲明生产情况（支数翻改、平扫车、坏车、温湿度变化、设备运转）。按规定做完清洁工作，接齐头。提前20分钟到岗，做好接班的准备工作。检查共同使用的工具是否齐全，是否放在固定位置，机台有无空锭缺件。检查有无错支粗纱、粗筒管和坏纱等。检查上班清洁工作是否做好。了解上班生产情况。做好接班前的清洁工作（见表3）。

表3　落纱工轮班清洁工作

序号	清洁内容	清洁工具	清洁方法
1	投锭空	并刷	投、抯
2	抯叶子板	拉板	双手并用
3	抯纱架	竹、铁钎	双手抯
4	扫车	毛刷	双手顺向扫
5	剥捋绒辊	手捋	双手捋、剥
6	张力架	菊花扦	抯
7	清理车底	毛刷、拖把	用工具清理
8	抯皮辊	电抯枪	用工具抯
9	粗纱斜面	菊花棒	抯
10	抯张力盘	长竹签	抯
11	抯托脚	短竹签	抯
12	导纱杆	手	摘、抯

2. 落纱长工作及开车要点

提前30分钟到岗，做好接班前的准备工作。检查全组人员上岗和交接班执行情况，做好人员调配工作。召集全组人员开班前会。检查全组操作执行情况及清洁进度。严格执行落纱时间表，落纱前必须检查落纱机主要部件是否正常灵活。参加平、扫车交接验收，做好停台记录。按规定组织好节假日关、开车。

　　落纱长还应根据机型、支数和速度的不同，灵活掌握关、开车要点，避免造成开车断头过多。摇车纱线呈一斜线，根据纱管大小，纱身卷绕1~3圈。

　　采用编号，按一定位置、顺序和路线进行落纱，一般不走回头路（见图3）。

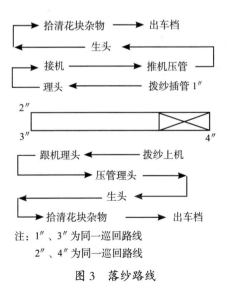

注：1″、3″为同一巡回路线
　　　2″、4″为同一巡回路线

图3　落纱路线

3. 正确掌握刺生头与换包粗纱的动作要领

刺生头要求动作少而连贯，速度快，质量好，基本特点是动作简单，纱管上绕纱少，纱尾短，锭子上无回丝。只要掌握好操作要领，就不易造成金戒子纱。

具体刺生头方法如下。

纱条捏在左手食指第一关节 1/2 或 3/4 处，用拇指将纱条压住，纱条长度 3cm 左右。拇指指甲尖不超出食指内侧面，食指呈半圆形，拇指伸直（见图 4）。

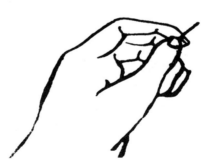

图 4　刺生头动作要领（1）

　　左手中指摸钢丝圈，将钢丝圈定位在时针35分处（见图5）。

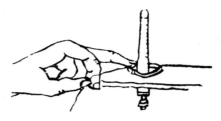

图5　刺生头动作要领（2）

　　左手中指、无名指、小指要紧靠拇指肌肉，手心向下，拇指第一关节处紧靠钢领，拇指扶在时针45分处。纱头靠近筒管，越近越好。将拇指略微后移，食指轻轻刺头（见图6）。

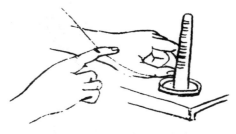

图6　刺生头动作要领（3）

　　拎纱时，右手食指钩纱，手心向下，钩纱时纱条拉紧长度不超过两个锭距。右手食指钩纱时略低于钢领板，使纱条套入钢丝圈内。左手刺上，右手同时绕导纱钩。提纱动作幅度要小，高度不超过笛管眼（见图7~图9）。

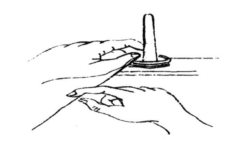

图 7　拎纱动作要领（1）

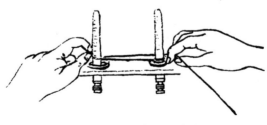

图 8　拎纱动作要领（2）

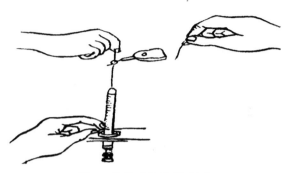

图 9　拎纱动作要领（3）

　　左手手心向上，四指共同拉纱。在右手拇指第二关节处，左手食指、拇指捏好纱条，两手手心向内，进行掐头。两手之间的纱条要拉紧（长度约 4cm）（见图 10）。

图 10　拎纱动作要领（4）

　　掐好头，右手拇指、食指捏住纱条对准须条（稍偏右）放头位置在罗拉中、上部，食指指甲与罗拉平行，距离为横向 1mm。掐头后，右手中指、无名指、小指立即向右前方拉出似空心拳状（三指指尖在食指第一关节处，外扎钩机型三指指尖在食指第二关节处，食指、中指指尖距离约一指宽）。送头的同时，中指第一关节顺势抵在吸棉管中部固定位置，掐头后手势不变，抵管稍用力（见图 11）。注意送头和抵管应以送头为主对准须条位置，同时用中指抵管。外扎钩机型，右手中指第一关节中部（指甲边缝处）抵在扎钩背右侧颈项位置（见图 12）。

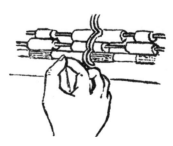

图 11　掐头

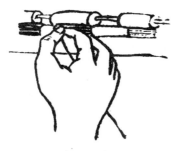

图 12　送头

　　挑头时应做到右手手心向左，手腕低于手指，低于罗拉，拇指背向上。纱条对准须条右侧，食指往上轻挑，同时拇指自然松开。食指指甲尖碰罗拉，利用锭子的转动进行自然加捻抱合，化纤挑头要高，食指稍慢离开纱条起加光切断须条作用。

　　换粗纱采用顺镶包卷法，即先分撕后拉断，要求包卷纤维平行不乱，表面光滑，纺出时不断头，无粗细节。包卷动作具体要求掌握以下五个要点：退捻要松散，分撕手掌形，拉头笔尖形，搭头要适当，包卷要均匀。

退捻。粗纱纱尾夹在左手中指第一关节与无
名指之间，经过中指、食指表面向上伸出（在食
指第一关节 3/5 处）。右手拇指、食指在距离左手
握住点 7cm 左右处，捏住粗纱条自右向左上方翻
转进行退捻，到纤维完全呈平直状态。粗纱的缝
隙略左偏斜而重叠（见图 13）。

图 13　退捻

分撕。左手拇指的左半部，压住退捻后粗纱
条的左边 1/3 处，以右手为主自左向右移动，同
时左手微微向左，使粗纱条分撕成均匀的片状
（见图 14）。此时纤维略带偏斜，左手拇指向右轻

微转动压住全部纱条。然后右手拇指、食指轻轻
将粗纱头向左（或向右）上方旋转，拉断呈手掌
形，长度 4cm 左右（见图 15）。

图 14　分撕（1）

图 15　分撕（2）

拉头。拉断分纱架上的粗纱头，用右手拇指、食指捏住粗纱上端，左手中指、食指夹住粗纱的下端，长度4cm左右（中长可偏长掌握）。以左手中指指尖靠着食指下背部向左退捻（见图16），手腕略加转动，右手拇指略微向前移动拉断呈笔尖形，长度4cm左右（中长可偏长掌握）。要求分丝长度与笔尖长度配套，分丝分得长，笔尖拉得长；分丝分得短，笔尖拉得短。

图 16　拉头

搭头。掌握笔尖长度的方法。左手拇指、食指握住手掌形，中指、食指夹住纱条，右手拇指、食指握住纱条，距离多少可根据手掌形长度，握在手掌形顶部，进行退捻搭头（见图17）。

图 17　搭头

右手握持纱架上的粗纱头，将笔尖形尖端放在手掌形根部的中心，后端靠近手掌形根部的右边，搭头长度约4cm（中长可偏长掌握）。左手握持的须条应该与右手食指第一关节平齐，准备包卷。

包卷。右手拇指尖端贴住食指第二关节处，中指与食指平行在手掌形尖端稍靠下处，由右向左上方进行包卷，直到拇指第一关节移到食指顶

端。在包卷的同时，左手拇指顺纱条向下移动
（见图18）。

图18　包卷（1）

右手拇指转移到中指尖端，由左向右上方，
左手拇指、食指第一关节捏住粗纱，从食指尖端
由右向左下方同时移位回捻，使包卷后的粗纱表
面光滑（见图19）。

图19　包卷（2）

三、运行效果

规范性的差别化细纱落纱工作法，可以提高工人的落纱效率，同时提高工人的操作熟练度与规范度，有利于减少纱线疵点数，从而提高纱线质量，减少下工序络筒的切疵纱次，进而提高整体的生产效率，为企业创造效益。

第五讲

质量管控

一、问题描述

纺纱质量管理是一项综合性很强的工作。细纱工序是纺纱的关键工序，不仅影响后道工序的加工生产，也会影响面料的使用性能，因而细纱工序的质量管控必须引起重视。又因细纱工序设备多、纺纱品种多，故设备运行状况对纱线质量的影响较大。成纱条干CV、细节、粗节、棉结、毛羽、强力等质量指标是衡量纺纱质量的重要指标，如何从根本上找到影响这些指标的因素，并采取相应的改善措施，是做好质量管控的关键。

二、解决办法

1.加强对设备运行状态的检测

设备运行状况是纺纱的基础，要强化设备管理，加强对设备状态的日常检查和维护工作，做好周期性的平车、揩车。设备人员要做好自己日常的包机和检查工作，保持细纱机运行状态良好，对细纱机的牵伸、加捻、卷绕过程要重点关注，车头传动部分、齿轮啮合要良好，各种键、轴、轴承配合到位。对细纱机进行周期性的状态检查，揩车维修能及时发现设备出现的问题，并按周期更换或维修变形的机件及专件器材，降低设备的故障率，以保证细纱机的正常运行，稳定纺纱质量。

2.关注专件牵伸器材的使用状况

胶辊胶圈是牵伸的"小心脏"，在纺纱过程中与罗拉组成罗拉钳口，共同对须条握持牵伸，稳定摩擦力界。胶辊胶圈的质量、使用性能、选配的合理性及使用状态与成纱条干、强力、断头率、胶辊缠花关系很大，对成纱指标影响也较大。不同型号胶辊胶圈的性能和特点也不相同，要根据纺纱品种、纤维性能和纺纱质量的要求选用合适硬度、弹性的胶辊胶圈，既要稳定纺纱质量，又要保证专件器材的使用周期。同一品种、同一批纱线，胶辊胶圈的直径和硬度要统一，使用同一个型号、同一个生产厂家的产品，按工艺要求调整摇架压力并保持大小一致。胶辊胶圈要有优良的弹性和适当的硬度，以保证同一个纺纱品种质量无差异。

上下销也是细纱机牵伸机构中一个重要的部件。上销具有对钳口压力起弹性自调作用的特点，与中铁辊、上胶圈、压力棒隔距块共同组成弹性钳口，支撑上胶圈处于一定的工作位置。青纺联公司部分机型使用了一些新型下销，该下销改变了曲面部分与平面部分的比例，将曲面部分合理延长，平面直线部分缩短，增强了中部摩擦力界，加强了上、下胶圈之间对纤维的控制能力，改变了胶圈的张力，使牵伸区摩擦力界的分布更加合理，纤维的变速点稳定，能够有效改善纺纱指标。上下销的使用需要合理的工艺配置和适当的摇架压力，以确保发挥作用。

压力棒隔距块是一根直径光滑的压力棒，把原浮游区分配成两个浮游区。当须条从压力棒下方通过时，受到压力使摩擦力界得以加强，纤维变速点前移，部分弯钩纤维得到更好的牵伸。使用压力棒隔距块后，在前区又形成了曲线牵伸式，须条在压力棒的作用下形成一段包围弧，从而加强了前区对纤维的控制，使纤维变速点分布集中，稳定靠近钳口，有利于改善条干均匀度，提升纺纱水平。压力棒隔距块的使用型号具体要根据纺纱品种和纺纱质量的要求确定。纺纱过程中要防止须条从压力棒上面通过。压力棒处容易积花，造成纱疵，因此要及时做好清洁工作，同时也要调整好工艺隔距，防止须条牵伸不开和压力棒摩擦前胶辊。

3.提高运转操作水平

运转操作人员的操作水平直接影响纺纱质量。要保证值车工能将全项操作、机台清洁、防疵捉疵有计划地安排在每一巡回工作中，并能熟悉本工序的设备机械性能，以降低纱疵率。要对新员工进行有计划的培训。现代纺纱企业在不断增加细号纱的同时，也应不断创新运转操作管理。由于值车工操作水平参差不齐，用户对产品质量要求也不同，可以把用户对产品质量的要求与值车工的操作水平相匹配。对于产品质量要求较高的，选择操作能手进行值车。而对于操作水平较低的值车工，要及时进行培训，提升其操作水平，使一级操作选手率达到 95% 以上。制定目标细化考核，不同品种安排不同的清洁进度表，做到机台清洁分段、按顺序做，使纺纱质量再上一个新台阶。

4. 注重加捻卷绕器材

钢领与钢丝圈是纺纱过程中的关键加捻卷绕器材，是一对摩擦副。钢领是钢丝圈运行的轨道，钢丝圈由纱线带动沿着轨道高速运转，共同完成加捻卷绕，对稳定控制气圈张力、减少断头和毛羽、提高纺纱产质量非常重要。钢领和钢丝圈要合理搭配，才能充分发挥两者的性能。

　　一般根据纺纱品种和工艺的要求选用合适型号和材质的钢领，其中高精度轴承钢钢领耐磨性较好，使用寿命长，在纺纱过程中断头少。

　　钢丝圈是细纱加捻卷绕的主要器材。在高速运行时因离心力的作用，钢丝圈内脚紧压在钢领圆环的内侧面上，因而要求其张力小、突变张力小且稳定。钢丝圈通道要滑爽，散热性能要好，与钢领的摩擦发热量要小。上机后观察气圈形态及其稳定性，关注接头手感张力和落纱断头分布情况。若钢领、钢丝圈配合合理，手感张力均匀，气圈形态分布合理，则断头较少。钢丝圈轻重搭配原则：在断头不增加的情况下，选号数较大的钢丝圈，能够有效减少钢丝圈烧毁或飞圈，以气圈不碰纱管头为宜，能够有效减少断头和毛羽。

要合理设定钢丝圈清洁器隔距，隔距过小，钢丝圈会阻隔气圈形成气流，影响钢丝圈的正常运行，造成气圈张力不稳，容易断头；隔距过大，容易造成钢丝圈挂花。

锭子是细纱机上的主要加捻卷绕部件，其在纺纱过程中的运行状态是影响纱线捻度不匀的重要因素。锭速不匀是造成纱线捻度不匀的主要原因，因而要保证锭子运行平稳。锭子的振动对细纱断头和捻度不匀都有很大的影响，因而应减少锭子在运行过程中的振动，保证锭子良好的润滑状态。

5. 关注车间温湿度的控制

温湿度的变化对细纱工序纺纱质量和细纱生产效率影响较大，这也是影响毛羽的重要因素，因而要调节好细纱车间空调设备，控制好细纱车间环境温湿度。温度对纤维表面棉蜡的软硬、纤维的吸放湿特性会产生影响。温度过高，纤维表面棉蜡溶化，纤维易于吸湿而致使表面发黏，容易黏缠胶辊胶圈；温度过低，纤维表面棉蜡脆硬，纤维不易吸湿，致使纤维间抱合力差，在加工过程中容易断裂而增加短绒。

另外，空气中的水汽在温度低的胶辊表面易凝结成一层水薄膜，造成短绒黏附胶辊、胶圈、罗拉。相对湿度也会影响纤维表面摩擦力、导电性能等指标。车间相对湿度过大，易增加纤维与摩擦机件（胶辊、罗拉等工艺部件）之间的黏合力，形成黏缠；相对湿度过小，纤维与工艺部件易摩擦产生静电，飞花、短绒增多，纱条松散。由于温湿度影响到纤维的物理性能，合理调节车间温湿度可改善纺纱的生产状况。要加强空调的技术管理，并做好温湿度记录，发现异常及时调节。

在实际生产过程中，为保持产品质量的稳定，必须加强车间空气调节。当车间温湿度和半成品回潮率适合生产工艺需要时，空调运转工作应着重抓好温湿度的稳定性。当回潮率出现波动达不到工艺要求时，则应先抓好温湿度的控制与管理工作。注意从以下几个方面采取相应的措施。

（1）抓好温湿度的"日夜差"与"次差"，做好车间温湿度的预防调节工作。勤观察室外天气变化，当车间温湿度受到室外气象条件影响而变化时，要采取相应的措施调节空调室的风量、喷水量以及新风与回风比例，以达到控制室内参数的目的。在车间局部区域，采用调节出风口风量或支风道风量的方法来改变和控制车间的温湿度。控制区域差异，以满足不同区域的温湿度要求。掌握室外空气温湿度昼夜变化的规律，稳定车间温湿度，减少波动，以此来稳定产品质量。各班调节要密切合作，互通情况，树立全局观念，以利于稳定车间温湿度。

（2）减小车间温湿度的区域性差异，密切

注意室外气象条件，如风力、风向、日照的变化，并及时进行调节。也可针对性地采取调整风道排风量的大小这项措施，通过故意增大区域性差异，来保证同一车间各工序对温湿度的不同要求。

（3）细纱车间必须保证正压状态，避免车间温湿度受到室外天气的影响。特别是在"煤灰纱"的高发季节，在保证达到产品质量要求的同时也要保证新风量的要求，以便让生产顺利进行，同时保障职工的身体健康。

（4）遇到天气骤变（突冷、突热）或雷雨天气时，要注意门窗的管理，多使用回风，控制好车间温湿度。

（5）根据原料的实际使用情况，调整车间的温湿度，这样既能保证生产的顺利进行，又可保证产品质量。在生产中采用逐步放湿法可同时兼顾多个品种的温湿度，合理利用车间的回风，这样不仅能控制车间温湿度，也可达到节能的目的。

（6）对不能满足生产工序需要的空调室进行改造，对满足不了生产需求的空调室进行节能性改造。可选用新型节能风机、无级变速和变频调速技术。

6. 优化纺纱工艺

工艺设计是细纱工序生产的主要依据。加强对纺纱工艺生产参数的设计，加强工艺创新和工艺对比试验，从中找到最佳的生产工艺。根据纺纱品种选择合理的罗拉隔距和牵伸倍数，前中罗拉隔距关系到前区握持力与牵伸力平衡，关系到前区浮游纤维长度的大小，直接影响条干 CV。在实际生产过程中应根据棉纤维长度选择前中罗拉隔距，纤维长度较长的，宜选用较大的罗拉隔距，反之选择小的罗拉隔距；随着前胶辊加压的增加，纱线条干 CV 又有减少的趋势，在生产过程中一般采用小的后区牵伸工艺。对浮游区的调整要做到大小一致，压力棒位置居中。压力棒位置靠后，会出现浮游区过大，不能有效控制纤维；压力棒位置靠前，其作用不能得到发挥。在生产过程中，胶辊的前冲为 2~3mm，前冲量不宜过大，否则容易形成反包围弧，造成断头增加，质量下降。要确保上机工艺的合理性，这样可以减少断头，减轻值车工劳动强度，提高纺纱质量。

三、常见疵品的成因、影响与预防

1. 长片段粗细节

（1）产生原因：上排粗纱跑空时，粗纱尾巴落在下排粗纱和车顶板上，粗纱尾巴下垂带入造成双根喂入；换粗纱时，粗纱未盘好或粗纱头带入邻纱，换粗纱搭头太长；细纱断头飘入邻纱；后罗拉绕粗纱或后皮辊加压失效；导纱动程太大，粗纱跑偏。

（2）对后工序的影响：造成布面粗经错纬，使坯布降等。

（3）预防方法：加强巡回，防止空粗纱；发现粗纱尾巴及时拉去；严格执行换粗纱操作法规定的搭头长度标准；及时接好断头，拉断飘头纱；加强巡回检查，及时纠正；及时通知有关人员校正。

2. 条干不匀

（1）产生原因：罗拉皮辊偏心弯曲，皮辊缺油、跳动；牵伸齿轮啮合不良，或运转时偏心大；绕皮辊严重，造成同档皮辊的邻纱加压不良；粗纱不在集合器内，集合器翻身、破损、夹杂物等；皮圈销脱出、缺损；皮圈破损、缺少或老化；车间相对湿度较低，发生静电作用，产生黏附纤维现象。

（2）对后工序的影响：增加后工序断头，造成布面条干不匀，使坯布降等。

（3）预防方法：加强机械检查，及时汇报修理；绕皮辊后应拉清邻纱上的不良细纱；加强巡回检查，及时调换、纠正；及时联系调整相对湿度。

3. 竹节纱

（1）产生原因：皮辊严重缺油；皮圈严重打顿或破损，皮圈内嵌有飞花；细纱断头、吸棉笛管堵塞，须条飘入邻纱；上、下皮圈绕满粗纱头仍纺纱；导纱动程不良，粗纱跑偏；集合器积花、破损。

（2）对后工序的影响：增加后工序断头，造成布面竹节，使坯布降等。

（3）预防方法：加强巡回，拉清飘头纱；加强巡回检查，及时处理；加强日常检查，发现不良情况及时处理和调换。

4. 冒头冒脚

（1）产生原因：钢领板位置太高或太低；筒管高低不平（锭子上有回丝），筒管未插到底（筒管眼子与锭子不配套）；不执行落纱时间。

（2）对后工序的影响：增加断头，造成后工序生活难做。

（3）预防方法：执行摇车操作；清洁锭子回丝，插好筒管，发现不配套随时拣剔；严格执行落纱时间。

5. 毛羽纱

（1）产生原因：钢领不良；钢丝圈不良；导纱钩、钢丝圈等通道部分不光滑；歪锭子；钢领、钢丝圈不配套。

（2）对后工序的影响：布面毛羽增加，影响布面质量。

（3）预防方法：发现不良情况，及时调换；调换钢丝圈；通道部分应该保持光滑。

6.碰钢领纱

（1）产生原因：钢丝圈太轻；锭子缺油；锭子松弛；超重量纱；跳筒管；卷绕部件不良。

（2）对后工序的影响：增加回丝；造成油污纱。

（3）预防方法：合理选用钢丝圈；加强机械检查，通知加油；通知修理；捉清超重量纱；减去坏筒管，执行落纱压筒管；及时关车通知修理。

7.油污纱

（1）产生原因：粗纱本身黏着油污；管纱落地黏着油污；油手接头或落纱拔管；平车、揩车后，牵伸部件黏着油污；装纱容器有油污。

（2）对后工序的影响：造成油污坏布，使坏布降等。

（3）预防方法：加强捉疵防疵；防止管纱落地；油手勿接头、拔管；加强平车、揩车后的检查；油污的容器不装纱。

8. 脱圈纱

（1）产生原因：开、关车操作不良；钢领板升降不正常；钢丝圈太轻；跳筒管；钢领板升降动程及速比不正常。

（2）对后工序的影响：后工序加工回丝增加。

（3）预防方法：注意开关车操作；加强机械检查；及时调换钢丝圈；拣剔坏筒管，执行落纱时压筒管；合理工艺设计。

9. 脱纬纱

（1）产生原因：开、关位置不良；钢领板升降不正常；接头、落纱拨不出的紧纱管，用手反复拔；落纱机拨纱盘，弹簧太紧，把管纱夹成凹槽；钢丝圈太轻；落下管纱，纱包受重压；跳纱管。

（2）对后工序的影响：造成布面双纬、脱纬，使坯布降等。

（3）预防方法：提高操作熟练度；加强机械

检修；不可反复拨纱；检修落纱机；调换钢丝圈；
不可坐纱包；拣出坏管纱，执行落纱压筒管。

10. 煤灰纱

（1）产生原因：空气中 5μm 以下的细污粉尘
和烟雾进入车间。

（2）对后工序的影响：造成纱线污染，使坯
布降等。

（3）预防方法：加强空调过滤装置；室外空
气不好时，少用或不用外风。

四、实施效果

质量管控是提高纺纱质量的重中之重，涉及
设备运行状态、专件牵伸器材的使用状况、运转
操作水平、加捻卷绕器材的质量、车间温湿度的
控制、优化纺纱工艺等。在实际生产过程中，需
根据纺纱品种，认真分析影响纺纱质量的因素，
并采取相应的技术措施。贯彻施行上述操作措

施，可以保证细纱机运行状态的稳定、纺纱器材合理定位、上机工艺参数的合理、运转操作管理效率显著提高、车间温湿度适宜等，从而最大限度地稳定纺纱质量，满足用户需求，使纺纱质量迈上一个新台阶。

第六讲

特色品种操作要求

一、醋酸品种

以青纺联公司正在被受理的发明专利《一种醋酸纤维混纺风格纱制备方法》为例。

醋酸纤维本身性能优良，手感柔软，光泽柔和典雅，悬垂性好，有一定的吸湿性，具有类似真丝的特质，同时又具有合成纤维硬挺平滑防霉的特性。随着纺织加工技术的日新月异，醋酸与锦纶、涤纶、氯纶纤的复合面料，织物清晰、质地轻薄，具有良好的手感和透气性，已受到世界知名服装设计大师的青睐，在高档面料领域居重要位置。

醋酸纤维脆硬，易损伤，短绒多，细纱各个专件易积花，导致细纱条干差、断头多，生活难做，很难保证普通成纱质量并让其形成麻型风格，粗细节明显有立体感更是难上加难。既要保证醋酸纤维的独特风格，又要生活正常，能顺利地生产，除了需要调整相应的专件，细纱的操作法尤为重要。此外，保持牵伸区域的清洁也十分重要。由于网格圈和负压风箱很容易积花，因此笔者根据实际情况制定了以下相应的操作要求。

（1）牵伸区、网格圈内积花（见图20）一班清理两次，上半班和下半班各清理一次。

图20　网格圈积花图

（2）负压风箱花（见图21）每落一遍清理一次，异型管吸气槽在巡回中随时清理。不允许有堵花现象，风箱花要随时清理。

图21　负压风箱堵花图

（3）缩短扫车周期，两天一扫车。

二、AB 纱

AB 纱是一种由细纱牵伸混合而成的风格纱，对细纱要求很高，细纱操作要求尤为重要，操作不当很容易在成品布上形成横档。以 M50/T5040s 赛紧 AB 纱为例，现将其操作要求说明如下。

（1）M50/T5040S 赛紧 AB 纱上机，要求粗纱以从外数一、三排 M（深灰色），二、四排 T（天蓝色）的排列方式挂纱，不允许颠倒顺序，不允许挂同一种管色。

（2）该品种严禁两股粗纱穿到一个喇叭口，上机后班组长及计划员、操作员要及时跟进检查。

（3）该品种要求压下摇架后先分粘、再接头，严禁不分粘并接头的情况。重点是新开车机台，班长要现场监督落纱工的执行情况。

（4）值车工在班中巡回过程中严查粗纱粘并现象，发现粘并管纱后先分开粘并，拔下管纱做上标记，将其当废品纱处理（放到车头专用筐里）。

（5）不允许保留疵点纱。若发现疵点纱，应立即剔除，以防 AB 纱风格出现变化。

（6）值车工在穿头时不要把两股 M 或两股 T 穿在 1 个锭子上纺纱。

三、亚麻品种

以青纺联公司的发明专利《一种脱胶漂白亚麻、粘胶纤维赛络纺竹节混纺纱及其生产工艺》为例（见图 22），说明亚麻品种细纱操作要求。

脱胶漂白亚麻、粘胶纤维赛络纺竹节混纺纱是以脱胶漂白亚麻为主要原料混纺而成，既具备抗紫外线功能、良好的散热功能、抑制细菌功能、对人体皮肤无刺激作用的优点，又具备柔软、吸湿、排汗、穿着舒适等特点。麻纤维较粗、硬、短，短绒含量高，但其纤维间抱合

证书号 第3344625号

发 明 专 利 证 书

发 明 名 称：一种脱胶漂白亚麻、粘胶纤维赛络纺竹节混纺纱及其生产工艺

发 明 人：王伟；孙明星；张作民；倪敬壮

专 利 号：ZL 2016 1 0682929.6

专利申请日：2016 年 08 月 17 日

专 利 权 人：青纺联（枣庄）纤维科技有限公司

地 址：277400 山东省枣庄市台儿庄区金光路西首

授权公告日：2019 年 04 月 23 日　　　授权公告号：CN 106120054 B

　　国家知识产权局依照中华人民共和国专利法进行审查，决定授予专利权，颁发发明专利证书并在专利登记簿上予以登记。专利权自授权公告之日起生效，专利权期限为二十年，自申请日起算。

　　专利证书记载专利权登记时的法律状况，专利权的转移、质押、无效、终止、恢复和专利权人的姓名或名称、国籍、地址变更等事项记载在专利登记簿上。

局长　申长雨

第 1 页（共 2 页）

图 22　青纺联公司的发明专利证书

力差，混合难度较大，且是竹节纱，生产难度极大。因此，笔者专门研究制定了细纱的操作要求。

细纱纺纱时的操作要求如下。

（1）值车工要加强巡回，及时清理皮辊、罗拉缠花。减少人为空锭、长时间掀摇架、漏头的现象。

（2）提前落纱。如果大纱断头多，掀摇架多，要及时提前落纱。落纱时，当组人员一起生头，严禁一人生头造成大面积的缠皮辊、罗拉。

（3）每班值、落时，牵伸区、钢领板、钢丝带、车面板、张力架清洁要做到位，特别是皮辊夹花要及时清理干净，时刻保持车挡干净。

（4）风箱花每次落纱都清理一次。

（5）落纱时先清理一遍钢丝圈、清洁器的挂花，再开车，保持通道清洁，减少断头。

后　记

伟大时代呼唤伟大精神，崇高事业需要榜样引领。"郝建秀小组"勇挑重担，拼搏创新，乐于奉献，争创一流的"火车头精神"，作为劳模精神的"山东符号""纺织符号"，成为全国人民的集体记忆与精神航标。

2016年1月，为进一步优化城市产业结构，青岛纺联集团实施棉纺企业改革重组，优化产能布局，将山东青岛市区纺织生产整体转移到山东枣庄，建立新的"郝建秀小组"生产组，并任命我为"郝建秀小组"的第十任组长。对此，我深感使命光荣、责任重大。为了把新团队组织协调好，凝聚管理好，特别是将"郝建秀小组"的"火车头精神"、班组管理理念传承好，我在工作中以身作则，冲锋在前，脏活累活带头干，创新创效两手抓；我在生活中尽己所能，定期走访，帮助职工解决实际困难。作为一名中共党员和"火车头"的带头人，我始终坚持以党的方针、路线为指引，规范自身言行，凭着一腔劳动热情和务实求真的劳模精神、积极进取的工作态度，迎难而上，勇担重任，配合车间，围绕新品种研发、试纺工作作出了积极贡献。

2023 年 3 月 20 日，庆祝"郝建秀小组"建组 70 周年大会在青岛纺织谷召开，第十届全国政协副主席郝建秀同志发来贺信，表达了对"郝建秀小组"的关心以及对行业班组、行业文化建设的殷切期望。中华全国总工会办公厅也发来贺信，高度评价了"郝建秀小组"的"火车头精神"在纺织行业乃至全国班组建设中的积极贡献，号召全国纺织行业广大职工以"郝建秀小组"为榜样，建功"十四五"，奋进新征程。

作为"郝建秀小组"的传承人，我更加坚定了感党恩、听党话、跟党走的理想和信念。未来，我将带领全体组员，以新担当、新作为弘扬"郝建秀小组"的光荣传统，进一步弘扬劳模精神、劳动精神、工匠精神，决不辜负各级领导和社会各界的厚望和嘱托，发扬光大"火车头精神"，加强班组建设和技术创新，争做新时代最美奋斗者，为我国纺织工业高质量发展再立新功！

许琳

2024 年 6 月

图书在版编目（CIP）数据

许琳工作法：差别化细纱纺织／许琳著. -- 北京：
中国工人出版社，2024.10. -- ISBN 978-7-5008-
8529-0

Ⅰ. TS106.41

中国国家版本馆CIP数据核字第20246M68G6号

许琳工作法：差别化细纱纺织

出 版 人	董　宽	
责 任 编 辑	陈培城	
责 任 校 对	张　彦	
责 任 印 制	栾征宇	
出 版 发 行	中国工人出版社	
地　　　址	北京市东城区鼓楼外大街45号　邮编：100120	
网　　　址	http://www.wp-china.com	
电　　　话	（010）62005043（总编室）	
	（010）62005039（印制管理中心）	
	（010）62379038（职工教育编辑室）	
发 行 热 线	（010）82029051　62383056	
经　　　销	各地书店	
印　　　刷	北京市密东印刷有限公司	
开　　　本	787毫米×1092毫米　1/32	
印　　　张	3.25	
字　　　数	37千字	
版　　　次	2024年12月第1版　2024年12月第1次印刷	
定　　　价	28.00元	

优秀技术工人百工百法丛书

第一辑　机械冶金建材卷

100 ARTISANS AND 100 TECHNIQUES SERIES

郭玉明工作法

复吹转炉底吹的精准维护

100 ARTISANS AND 100 TECHNIQUES SERIES

金国平工作法

炼钢连铸设备智能化的运维与改善

100 ARTISANS AND 100 TECHNIQUES SERIES

李兵工作法

汽车发动机故障诊断与维修

100 ARTISANS AND 100 TECHNIQUES SERIES

李凯军工作法

压铸模具制造

100 ARTISANS AND 100 TECHNIQUES SERIES

林学斌工作法

连铸电气设备的点检

100 ARTISANS AND 100 TECHNIQUES SERIES

刘伯鸣工作法

带直段锥体的锻造与成形

100 ARTISANS AND 100 TECHNIQUES SERIES

刘更生工作法

京作硬木家具制作水磨、烫蜡技艺

100 ARTISANS AND 100 TECHNIQUES SERIES

潘从明工作法

萃取设备的设计与制造

100 ARTISANS AND 100 TECHNIQUES SERIES

裴永斌工作法

弹性油箱全自动数控加工技术

100 ARTISANS AND 100 TECHNIQUES SERIES

邵志村工作法

铜精矿火法的双闪冶炼

100 ARTISANS AND 100 TECHNIQUES SERIES

王树军工作法

设备的养护与修理

100 ARTISANS AND 100 TECHNIQUES SERIES

王万松工作法

热轧带钢板形的控制

100 ARTISANS AND 100 TECHNIQUES SERIES

温广勇工作法

玻璃纤维拉丝设备的维修与优化

100 ARTISANS AND 100 TECHNIQUES SERIES

文寨军工作法

低热硅酸盐水泥的制备及应用

100 ARTISANS AND 100 TECHNIQUES SERIES

徐成东工作法

肉眼秒判奥斯麦特炉渣含铅品位

100 ARTISANS AND 100 TECHNIQUES SERIES

郑久强工作法

转炉炼钢炉型的控制与操作

优秀技术工人百工百法丛书

第二辑 海员建设卷

100 ARTISANS AND 100
TECHNIQUES SERIES

蔡连财
工作法

半潜船浮装
操作

100 ARTISANS AND 100
TECHNIQUES SERIES

常洪霞
工作法

公交安全驾驶
与服务

100 ARTISANS AND 100
TECHNIQUES SERIES

陈宇航
工作法

大型管道
装配

100 ARTISANS AND 100
TECHNIQUES SERIES

陈竹祥
工作法

汽车漆膜修补

100 ARTISANS AND 100
TECHNIQUES SERIES

程克辉
工作法

常用
焊接操作技能

100 ARTISANS AND 100
TECHNIQUES SERIES

勾常春
工作法

盾构注浆
"制—运—注"
一体化集成系统

100 ARTISANS AND 100
TECHNIQUES SERIES

李燕肇
工作法

古建彩画
颜料调制
及彩画工艺流程

100 ARTISANS AND 100
TECHNIQUES SERIES

廖明
工作法

地铁司机应急处置
技能培训

100 ARTISANS AND 100
TECHNIQUES SERIES

魏钧
工作法

焊接十步
操作法

100 ARTISANS AND 100
TECHNIQUES SERIES

吴喜军
工作法

桥梁伸缩缝
微创技术

100 ARTISANS AND 100
TECHNIQUES SERIES

翟筛红
工作法

古建筑
冰纹窗制作

100 ARTISANS AND 100
TECHNIQUES SERIES

竺士杰
工作法

远控集装箱
岸桥操作法

优秀技术工人百工百法丛书

第三辑 能源化学地质卷

100 ARTISANS AND 100
TECHNIQUES SERIES

**陈可营
工作法**

海洋油气生产
绿色数智化设计
与应用

100 ARTISANS AND 100
TECHNIQUES SERIES

**程平
工作法**

钴基60硬质
合金真空水冷
堆焊

100 ARTISANS AND 100
TECHNIQUES SERIES

**丁正江
工作法**

焦家式金矿
预测勘查

100 ARTISANS AND 100
TECHNIQUES SERIES

**华伶利
工作法**

松散地层
钻进取心

100 ARTISANS AND 100
TECHNIQUES SERIES

**黄兆亮
工作法**

航改型
燃气轮机蜂窝
封严钎焊修复

100 ARTISANS AND 100
TECHNIQUES SERIES

**琚永安
工作法**

架空地线
复合光缆的
电动旋切

100 ARTISANS AND 100
TECHNIQUES SERIES

**李辉
工作法**

用试验电压检测
变电站一、二次设备
交流回路整体
组合工况

100 ARTISANS AND 100
TECHNIQUES SERIES

**李祖锋
工作法**

抽水蓄能电站
控制测量
方案优化

100 ARTISANS AND 100
TECHNIQUES SERIES

**刘清
工作法**

煤矿无人化
智能开采
控制系统

100 ARTISANS AND 100
TECHNIQUES SERIES

**毛玉泉
工作法**

贵细中药材
鉴别应用

100 ARTISANS AND 100
TECHNIQUES SERIES

**齐名
工作法**

应用STC
单片机

100 ARTISANS AND 100
TECHNIQUES SERIES

**秦钦
工作法**

矿井安全监控设备
辅助安装及
故障分析处理

100 ARTISANS AND 100
TECHNIQUES SERIES

孙同根
工作法

S Zorb 装置
优化

100 ARTISANS AND 100
TECHNIQUES SERIES

王月鹏
工作法

基于绝缘平台的
绝缘杆作业法

100 ARTISANS AND 100
TECHNIQUES SERIES

王跃
工作法

滴või分析的
判断与控制

100 ARTISANS AND 100
TECHNIQUES SERIES

杨新海
工作法

车载移动测量技术
在实景三维成果
质量检验中的应用

100 ARTISANS AND 100
TECHNIQUES SERIES

杨义兴
工作法

油田修井现场
清洁生产
技术应用

100 ARTISANS AND 100
TECHNIQUES SERIES

游弋
工作法

煤矿供电系统
防晃电
设计与应用

100 ARTISANS AND 100
TECHNIQUES SERIES

余姝
工作法

高陡峡谷区
地质灾害调查勘查